施并塑 著

画说土楼

大型民居神话的手绘解读

U0389734

化学工业出版社

·北京·

内容简介

本书用手绘的形式揭开福建大型民居——土楼的神秘面纱。土楼是以生土为主要建筑材料，生土与木结构相结合，并不同程度地使用石材的大型民居建筑，是几次中国乃至东亚历史动荡和民众大迁徙的产物。其中分布最广、数量最多、品类最丰富、保存最完好的是福建土楼。本书讲解福建土楼的建筑特色和文化属性，并以手绘的形式对其内部建筑结构和外部美学特征进行解剖分析。本书是建筑专业人员以及大众了解中国传统民居建筑的参考读物，也是学习马克笔绘画技法的工具书籍。

图书在版编目（CIP）数据

画说土楼：大型民居神话的手绘解读／施并塑著．
—北京：化学工业出版社，2020.12
ISBN 978-7-122-38300-6

I.①画… II.①施… III.①民居—福建—图集
IV.①TU241.5-64

中国版本图书馆CIP数据核字（2020）第255731号

责任编辑：林 俐 刘晓婷　　　　　　　　装帧设计：卡古鸟设计
责任校对：赵懿桐

出版发行：化学工业出版社（北京市东城区青年湖南街13号　邮政编码100011）
印　　装：北京宝隆世纪印刷有限公司
787mm×1092mm　1/16　印张7½　字数210千字　2020年12月北京第1版第1次印刷

购书咨询：010-64518888　　售后服务：010-64518899
网　　址：http://www.cip.com.cn
凡购买本书，如有缺损质量问题，本社销售中心负责调换。

定　　价：89.00元

前言

土楼是中华文明的杰作之一，被称为"世界建筑的奇葩"，日本建筑学家茂木计一郎曾说它是"天上掉下的飞碟，地上长出的蘑菇"。联合国教科文组织顾问史蒂文斯·安德烈赞叹它是"世界上独一无二的神话般的山区建筑模式"。

2008年7月6日，在加拿大魁北克城举行的第32届世界遗产大会上，福建土楼被正式列入《世界遗产名录》。现在中国拥有世界遗产55处，其中世界文化遗产与文化景观37处，世界自然遗产14处，世界文化自然双遗产4处。其中，福建省有武夷山、土楼、鼓浪屿和泰宁丹霞等世界级遗产。第44届世界遗产大会将于2021年6月至7月在福建福州召开。希望本书的出版能为2021年世界遗产大会的召开，为推广福建土楼文化贡献一份微薄之力。

本人收集、查阅了大量福建土楼的相关资料，并进行实地的亲身考察，掌握大量的第一手资料，并结合十多年的手绘经验，深入探索，潜心绘制，向大家呈现关于土楼的手绘解读。本书主要对福建土楼的建筑形态进行了基础性的研究，对土楼最典型个案以马克笔手绘的形式展现出来，并详细讲解了马克笔手绘表现技法与步

骤，以丰富的内容、鲜明的特色、多角度的解析、图文并茂的形式，让读者在轻松的阅读中了解福建土楼。在本书中，关于福建土楼地域性手绘的创作与研究成为一个新主题，"以画代言，以图表意"，提供土楼的实景写生和创作表现的不同作品。本书力图展示福建土楼深厚的历史文化，树立土楼美育新形象，打造福建土楼文化新名片，同时为福建的乡村振兴及地域特色增添一分活力。

土楼是传统聚落环境与自然山水有机结合的典范，它运用中国传统建筑规划中的"风水"理念，以独特的构造和齐全的功能，承载了土楼人家的世代聚居与和睦相处，也承受了时代动乱与沧桑变迁，成为中华民族璀璨的历史文化遗产。随着社会的发展，建筑的模式及材料不断发展变化，土楼古老的夯筑技术濒临失传。记录、展示和传承土楼夯土技艺，有着十分重要的历史和文化研究价值，记录、保护和传承这一古老造墙技术已时不我待。本书将带领读者穿越千年时空，让读者可进一步认识福建土楼的历史文化，感悟不一样的土楼。同时，也感谢已出版和发表土楼研究的专家及学者们，是他们的研究成果启迪我的思路，最终有本书的呈现，借此机会希望各界同仁给予批评与指正。

目录

CONTENTS

第1章

奇葩建筑　世遗土楼——福建土楼基础性研究

关于土楼有这样一则经典故事，早在20世纪80年代，美国卫星拍摄到闽西南深山老林之中有些奇葩的建筑，被误以为是蘑菇状的核武设备，殊不知这是独一无二的传统大型夯土民居建筑，在第一枚原子弹蘑菇云腾空而起之前，早已矗立了千年之久。在福建，汇集了世界上最高、最大、最小、最奇、最古老、最壮观的土楼，堪称"土楼王国"。

福建土楼聚落产生于11～13世纪（宋元时期），经过14～16世纪（明代时期）的发展，17～20世纪上半叶（明末、清代、民国时期）达到成熟，并一直延续至今。土楼继承了中原古老的生土构筑技艺，冬暖夏凉，依山就势，巧妙地体现了中国传统的"天人合一"的观念和建筑"风水"的理念，展现出建造者的智慧与创造力，千年之后，依然焕发新生，令人叹为观止，被誉为"东方文明的一颗璀璨的明珠"。联合国教科文组织的专家赞叹它是"世界上独一无二的神话般的建筑模式"。

1. 福建土楼概述

（1）土楼由来

早在20世纪的50年代，国内的古建筑研究泰斗刘敦桢先生就在《中国住宅概说》一书中，较为系统地阐述了闽粤两地的土楼大型住宅，并最先将"土楼"这一名词作为建筑学的专有名词，将其定义为"二层以上的四合院"。《建筑大辞典》中写道："目前保护留存下来的福建地区的多层土楼，堪称世界生土建筑历史上的一个奇迹。"

著名学者黄汉民先生在《福建土楼》一书中，将土楼定义为：特指用夯土墙承重的、规模巨大的楼房住宅。这里有两层含义：首先夯土墙是真正作为建筑的承重结构，而不是像传统木构建筑那样，只是作为维护结构；其二应该是聚族而居的大型楼房建筑，而非独门独户的单幢小楼。

中国的生土建筑源远流长，汉文化发祥地的黄河中上游，松厚的黄土是最简便易得的建筑材料，早在商周时代，就有大量的建筑用黄土筑台基和墙壁。随后南迁到闽西地区的原中原人利用不加工的生土，夯筑承重生土墙壁建造群居和防卫合一的大型楼房。此后，客家人以土作墙的各种类型的居住建筑，都可称为"土楼"。虽然客家人在风俗、习惯、语言上，长期保持原中原一带的特点，但因为闽西山高林密、常有盗匪出没，再加之本地人与客家人之间时常出现的争斗等原因，安全防范便成为建造民居的首要原则。因为这些原因，形成了土楼人聚族而居，营造集体住宅的传统。现存至今的大型土楼，就是其典型的代表。

2008年7月，福建土楼正式列入世界文化遗产名录，被列入名录的福建土楼包括6群4楼共46座土楼，即永定县（现福建省龙岩市永定区）的初溪土楼群、洪坑土楼群、高北土楼群、衍香楼和振福楼，南靖县的田螺坑土楼群、河坑土楼群、和贵楼和怀远楼，华安县的大地土楼群。这些土楼是福建土楼的代表，但并不是福建土楼的全部，还有很多因为种种原因未被列入世界遗产的土楼同样相当精彩，甚至更有特色（图1）。

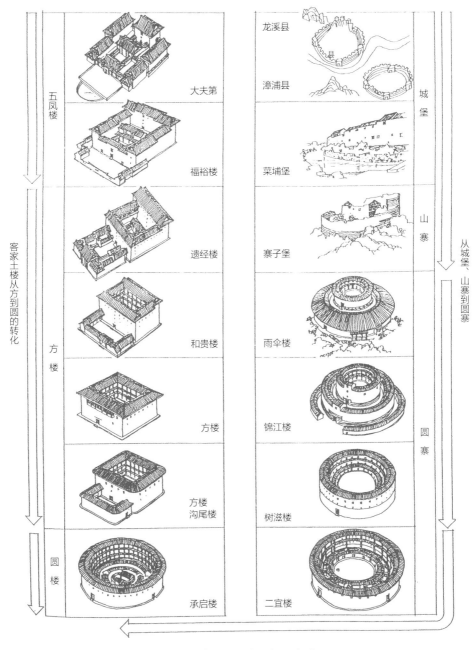

图1　福建土楼发展演变示意图

（2）地理环境

福建省地处我国东南沿海，北部与浙江省相邻，西部与江西省接壤，南部与广东省毗连，东临东海、南海，与台湾海峡遥遥相望。全省山峦起伏、溪流纵横，山地与丘陵占全省总面积的80%以上，素有"八山一水一分田"之称。著名的风景名胜武夷山脉蜿蜒于闽赣边界，还有杉岭、鹫峰、戴云、博平岭、太姥等六条山脉，分布全省，福建的河流属山地性河流，季节变化大，水流湍急，多峡谷险滩。长度在20千米以上的河流全省共36条，主流多与山脉走向垂直，造成地形变化多端，历史上由于交通不便，地区之间交往甚少。因此，全省各地民居建筑多自成体系，因地制宜，没有统一的固定程式。

福建省位于北纬23°31′～28°18′之间，靠近北回归线，属于典型的亚热带气候。亚热带气候具有气候干燥、气温较高的特点。而福建省背山面海，横亘西北的武夷山脉，阻挡了北方寒冷空气入侵，海洋的暖湿气流源源不断输向陆地，使得大部分地区，冬无严寒、夏少酷暑、雨量充沛，形成湿润暖热的亚热带海洋性季风气候。

福建省复杂的地形，形成多样的气候和丰富的生态环境，为各种生物的生息繁衍创造了有利的条件，同时也为土楼村落的形成和发展提供了必要的物质基础。土楼建造者充分利用自然环境建造宜居舒适的生活空间，不管是选址，还是建造，都独具巧思。例如，位于永定县的振成楼内部主体按八卦布局设计，楼中有楼，其神奇的构造令人叹为观止（图2）；位于华安县的二宜楼被誉为"土楼之王"，是综合价值最高的土楼建筑之一，被最早列入全国重点文物保护单位；南靖县的田螺坑土楼群由5座土楼组成，如飞碟从天而降，极具视觉冲击力（图3）；河坑土楼群13座土楼错落有致地分布在山谷河道间，构成人与自然和谐共存的绝景。

图2　按八卦布局设计的振成楼

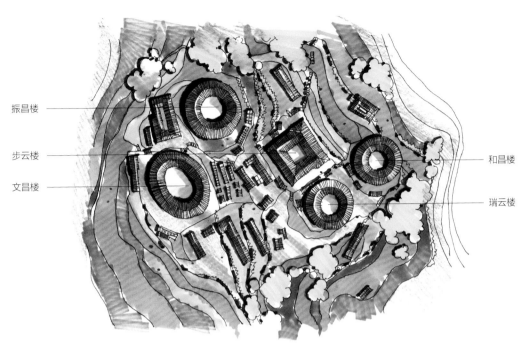

振昌楼

步云楼

文昌楼

和昌楼

瑞云楼

图3 田螺坑土楼群分布图

（3）土楼分布

福建土楼主要分布在福建南部和西南部，尤以玳瑁山脉、博平岭南段东西两麓往沿海平原过渡的溪谷中较为密集，其中土楼分布最为密集的地方在福建的永定县和适中镇、南靖县的西北部、平和县西部、诏安县、云霄县的北部、潭平市永福镇、华安县仙都镇、沙建镇等地。此外，在福建省漳州的漳浦、龙海，泉州的安溪、德化、惠安、南安，厦门的同安等地方也有零星散布。显然福建土楼数量最多，分布最广（表1），另外，广东省东北部也有土楼零星分布。

表1 福建省土楼分布统计表

地区 类型	龙岩市			漳州市									泉州市				合计
	新罗区	永定县	漳平市	南靖县	漳浦县	诏安县	华安县	平和县	长泰县	云霄县	龙海县	芗城区	龙文县	安溪县	南安市	德化县	惠安县	
圆楼	1	362		386	60	86	41	240		8	3	3		2	1			1193
方楼	965	380	45	502	48	34	20	135	4	5	1	6	7	2	9	1	1	2165
五凤楼		250																250
其他形式		10		6	17	6	8	72		6								125
合计	966	1002	45	894	125	126	69	447	4	19	4	9	7	4	10	1	1	3733

注：以上为有关部门及研究学者2001年提供的统计数据，土楼遗址未统计在内。

福建土楼以其简洁的造型、庞大的体量、斑驳的大墙，给人巨大的视觉冲击力。福建土楼与其他地区的土楼不同之处，不仅在于占地面积小、楼层高、防御功能强，而且成组成群地组合成土楼聚落，形成优美的视觉形象。最具代表性的是有"四菜一汤""东方小布达拉宫"美称的田螺坑土楼群。此外，河坑土楼民俗文化村片区拥有福建土楼中最密集的土楼群，7座明清时期建造的方形土楼和7座近代建造的圆形土楼构成类似"北斗七星"的奇观。

（4）土楼特色

土楼内部空间封闭，但依然创造出适合人居的环境，干燥、防火、防风、抗震，而且具有良好的通风和采光条件。高大坚实的土楼还可以聚众、屯粮，有自备水井，能够长期御敌自保。

①安全防卫

福建土楼是集群居和防卫功能于一体的大型楼房建筑。由于早期土楼人曾饱受动乱之痛苦，"恨藏之不深，恨避之不远"，因此土楼的各种安全防卫功能十分精湛。同时，偏远之地容易遭受群盗侵扰，迫使分散的人们聚集而居，集体防御，构成极强的封闭性的自我保护。土楼的形态有利于保持家族完好和兴旺。各种样式的土楼在长期的实践中被不断完善，也更加美观舒适。

防卫性是福建土楼最鲜明的特点，土楼的形制其实为防御之寨堡，圆楼形似古罗马斗兽场，既能满足聚族而居，又能达到保卫宗族安全的目的。土楼中百人聚族而居，人多势众，一呼百应。楼内有谷仓、水井、家畜，足不出户可以生活数月，极有利于固守。

就单体而言，土楼体量高大，能高达16米左右。墙体由生黄土版筑而成，厚实敦壮，屋基厚近2.5米，墙体下大上小，至第四层厚度也不小于0.8米（图4）。一层为厨房、餐厅，二层为仓库堆放粮食，三层、四层住人。为防御侵袭，一、二层不开窗，三层窗小，四层窗大，且窗户皆外小内大，既方便观察又方便射击。土楼不但以高大厚实的土墙作被动防卫，外圈还广设枪眼，便于积极抗御。

大门是土楼唯一的开口，成为防卫的重点，门窗用十几厘米厚的实心木板拼成，门后加粗大的闩杆，能有效地抵挡门外撞击进攻。想要攻入土楼，火攻几乎是唯一的选择，然而对付火攻也有妙法：门扇外包铁皮，门顶设水槽，从二楼灌水可在大门外皮形成水幕，有效地抵御火攻。

图5是二宜楼大门防御系统的精细设计，大门门框用花岗岩砌筑，上方设置水孔，提高防护能力，如遇火攻即可放水灭火。

中国木结构古建筑最怕的就是火灾。出于生活和防火的考虑，土楼一般选址在水源充足的地方。大型土楼多在院中打井取水，也有一些土楼在门口挖建池塘，可以在紧急关头提供水源。

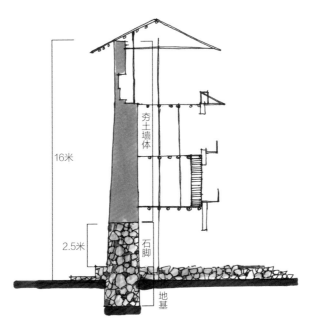

图4　土楼墙体剖面示意图

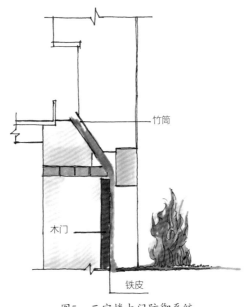

图5　二宜楼大门防御系统

②通风采光

土楼是一种用于聚居的木结构建筑，房间多，居住的人也多，空间比较封闭。为了营造出宜人的生活环境，土楼人发挥各种巧思，创造出良好的通风、采光条件。例如，为了解决楼梯空间的采光与通风问题，在楼梯位置的墙壁上，开有小窗（图6）。

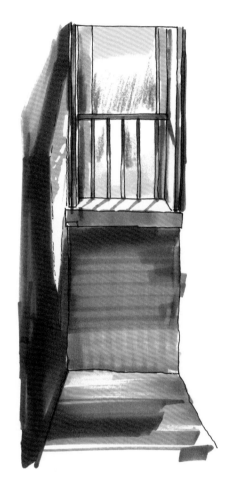

图6　承启楼楼梯间通风窗

③防风、保暖、排水

南方雨季较长，空气湿度大，冬季更是阴冷潮湿。而土楼厚实的夯土墙，一圈一圈严实的楼层，具有很强的保暖优势。

土楼中的天井，低于房屋地面，天井与房屋之间有一道排水沟，排水沟低于天井地面。排水沟用卵石铺成，这样落下的雨水和房檐滴下的积水，量少时可以渗透到地下，量大时就可通过排水沟汇集到一起，排出楼外（图7、图8）。

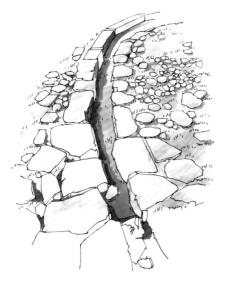

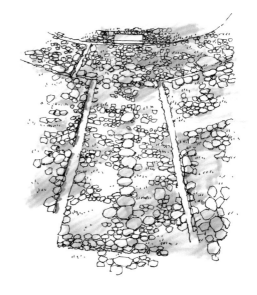

图7 楼内的排水沟　　　　　　　　　　图8 裕昌楼排水道

2. 福建土楼建造技艺

福建土楼民居的夯土技术源于中原地区，并且福建人在土楼的建造中把夯土技术提高到无与伦比的水平，创造了夯土建筑的奇迹。难怪日本琉球大学的福岛骏介先生会把土楼称为"利用特殊的材料和绝妙的方法建起的大厦"。

（1）建造土楼所需材料及工具

①建造土楼所需材料

由于建造地环境大多是在山区，交通闭塞不便，主要采用当地的材料来建造土楼，以生土、石料、木料、竹料、砖瓦、石灰等为主材料。其中，用量最大的是沙质黏土、石料、杉木；辅助材料有沙、石灰、竹片、青砖、瓦等。

其中用料最多是具有黏性的黄土，以田骨泥为佳。同时，为了保证墙体的坚固性，夯墙的泥土要干湿适当，含砂量要适中。如泥土含水量过大，墙体就很难干透，影响连续施工；含水量小，则难于夯实，影响坚固程度；砂质过高，则墙体无法结团，受风雨侵蚀容易脱落；砂质过低，则墙体缺乏韧性，干燥后容易开裂。土楼人对黄土的选择是最专业、最擅长的，才建造出与众不同的城堡。

此外，建造土楼还需要大量石料。一般用未风化的坚硬山石或河卵石砌筑大墙石基。用青花岗石打造石门框，以及方柱形、圆柱形、鼓形的石柱础。青花岗石也用作楼底走廊的石板。较小的鹅卵石用于铺设通廊、道路、门坪，也做石基的填料。有的土楼墙基的下部干砌卵石，上部加几层花岗岩条石；有的大型方楼常将条石砌在转角处；有的土楼则在外大门的门拱或者楼内的台阶和柱础处用到花岗岩石材。这些条石使土楼更加稳固，也增强了防卫功能（图9、图10）。

　　建楼的木料一般以杉木为架构，最好选用干透的杉木材。干燥以后的杉木树皮、杉木树枝和毛竹片，也可以用作土楼的墙骨，以增加墙体间的牢固性。南方温润的气候适合杉木生长，永定地区盛产杉木，山上随处可见。杉木质轻且不易变形，建筑的很多细节构造均选用杉木，比如梁、柱、桁、梯、椽、门、窗等。杉木也作为辅助性材料，如夯墙时埋入墙中的"门排""窗排""墙骨"等。而松木用来打桩和作基础枕木。另外竹料、石灰也有用到，不过用量较小。毛竹做成长条或短条的竹片，放置在墙内起牵拉作用；老竹头可做成钉楼板的竹钉。清代至民国时期的土楼，墙体底层掺入一定量的石灰，以加强墙基的防水性能。

　　一般圆形土楼二层至顶层的廊道用杉木板铺成，不过成熟期建成的大型土楼多用青砖铺设廊道。在杉木板上加铺青砖可以起到防火、隔声、防潮的作用。同时，土楼屋顶的瓦片多薄而轻，不易粉碎。福建的天气并不十分寒冷，所以瓦片不用太厚，另一方面，土楼的承重也要求瓦片的质地相对轻薄一些。

图9　建土楼所用的石材（左）、卵石砌墙面（右）

图10 石材的运用在土楼中非常常见，可用于建筑本身，还可
用于地面及点景等处。土楼对石材的极致运用，令人叹为观止

有的土楼会在关键建筑部位的泥土中添加糯米水，糯米水黏性极强，能使相对疏松的土壤更好地结合成整体，使土楼更加坚固，在数百年中经历不少地震灾害，仍屹立不倒。但由于复杂的建造工序，建造一座土楼需要耗费很长时间，一座普通土楼工期大约为两三年，大型土楼的建筑工期可长达数十年，因此留存至今的大型土楼十分珍贵，需要好好保护。

②土楼的建造工具

建造土楼时最特别的工具就是夯墙工具（图11）。

土楼的最大特点在于建造技艺，原始的工艺中，夯土墙无法做成较大的体块，和早期混凝土模板类似，多采用小模板拼合而成。

在具体的施工中，版筑夯土和混凝土都需要模板来定型，区别在于，夯土不是通过"浇捣"而是通过"夯击"来实现材料在模板内的成型和密实度。

墙是一段一段垒筑起来的，如果在夯土中添加不同的添加剂，会形成层层肌理（图12）。

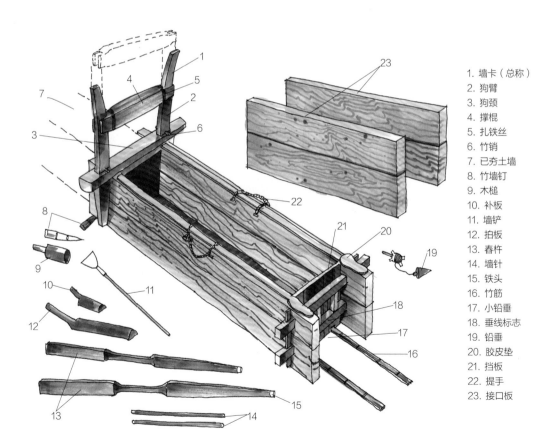

1. 墙卡（总称）
2. 狗臂
3. 狗颈
4. 撑棍
5. 扎铁丝
6. 竹销
7. 已夯土墙
8. 竹墙钉
9. 木槌
10. 补板
11. 墙铲
12. 拍板
13. 舂杵
14. 墙针
15. 铁头
16. 竹筋
17. 小铅垂
18. 垂线标志
19. 铅垂
20. 胶皮垫
21. 挡板
22. 提手
23. 接口板

图11 夯土墙使用的工具

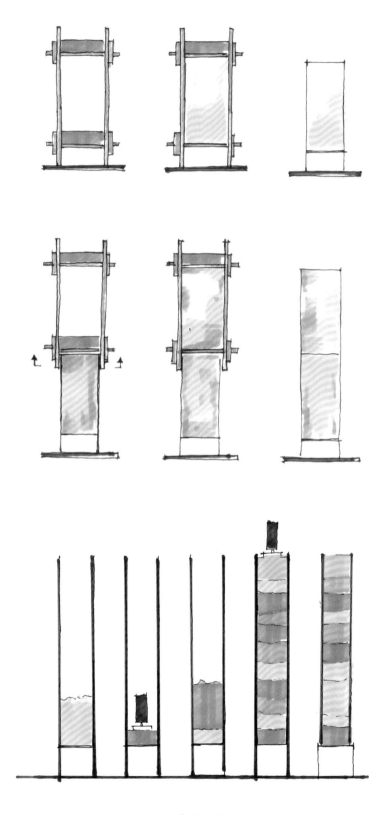

图12 夯塑不同土层

（2）土楼的建造流程

土楼这一建筑形式，建造上与其他的建筑具有相同之处，在建造流程、材料工具等方面又有很多特点。想要建造坚固安全的土楼，过程非常烦琐，通常要耗费很长的时间才能完成一座土楼（图13）。

图13　夯土施工

①选址

在建楼之前要请风水先生选址定位。选址除了地方要宽敞干燥，还要看山脉走势和水源河川的走向；此外还要看水口，即一方众水的总出口；最后要看分金，即依照五行相生相克的原理来确定朝向和方位。

选好地址后就要具体定位，首先要确定正门的位置，然后用罗盘定出楼的中轴线，并在轴线的末端立"杨公仙师"的木桩，正式开工前还要进行动土的仪式。

②开地基

选好楼址之后，按照楼址的范围，建楼工匠撒石灰粉，然后向下挖地基，挖到实土为止。若向下挖掘数米，还是沙土或泥地，就要停止挖掘，改用松木打桩（松木不怕水浸泡，越泡反而越坚固，抗腐能力极强，是最好的打桩材料）。且不同的土楼墙基的深度、宽度都不尽相同，两层以上的大型土楼的墙基比较坚实，一般宽度在2～3米，深度在3米左右。外墙的墙基比内墙墙基更深、更宽（图14）。

③打石脚

打石脚又称"砌石基"，是保证土楼稳定的基础。石脚分上下两层，底层也叫大脚，梯形造型，用大块的石头干砌，石块一般是上小下大，1米多高。体型更大的石块则用在转角这样的关键部位。大脚砌成后填土，然后用工具夯实墙边。上层的石脚也叫小脚，小脚的厚度和体量都比大脚稍小，也是梯形造型（图15）。

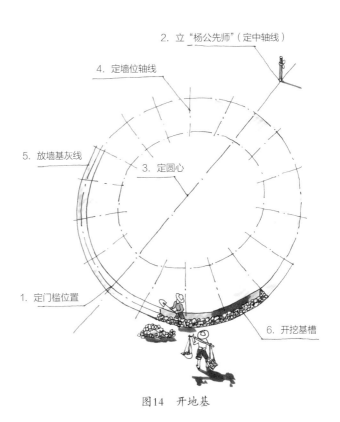

2. 立"杨公先师"（定中轴线）

4. 定墙位轴线

5. 放墙基灰线

3. 定圆心

1. 定门槛位置

6. 开挖基槽

图14 开地基

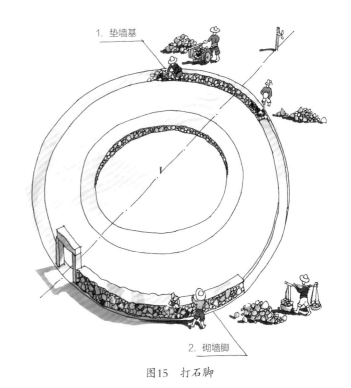

1. 垫墙基

2. 砌墙脚

图15 打石脚

④夯砌土墙

墙脚砌好后，接着要支模板夯筑土墙（夯墙），夯墙也叫"行墙"，是建土楼最关键的环节。圆形土楼一般从风水先生选定的吉利方位开始夯筑；方形土楼则从两角处开始夯筑。四层以上的土楼，底层墙体厚近2米，向上逐步减小厚度，顶层的厚度不少于0.4米。

夯墙时，在墙枋（夯土墙的模板）下面两头各放置一根承模棒，用于承受墙枋和土墙的重量。每一副墙枋由两名力气大且有夯筑经验的师傅来操作夯墙，在墙枋中间放厚约12厘米的墙土，筑墙师傅各执一根长约2米，重10千克左右的硬木春杵，用力夯土（图16）。

完成一版墙之后，移动夹板，固定好之后，再加入新的墙土，就可以继续夯墙工作，在每版墙第二次或第三次放墙土时，要加入墙筋条（图17）。夯好底层的一围墙之后，再夯筑上面一围土墙的时候，墙枋要错开放置，使墙缝错开，保证墙体相互咬合。

土楼夯墙是一项浩大的建筑工程，除了夯墙师傅外，还包括装墙土、运送墙土的人员（图18）。参加夯筑土楼人数的多少，也是决定夯墙进度的关键之一。夯好的土墙须在当天墙面没有风干之前进行修整，先用大拍板拍击墙体，固定墙体厚度，细节处可能还需要添补，然后用小拍板拍平（图19、图20）。这一过程对墙体质量的影响很大。

图16　夯墙

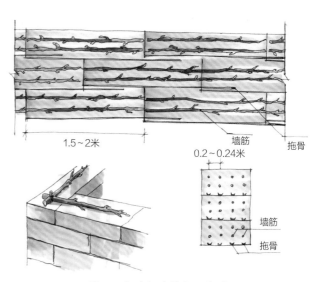

图17　夯墙加墙筋条示意图

1.5～2米

0.2～0.24米

墙筋

拖骨

墙筋

拖骨

图18　运送墙土

图19　加墙土

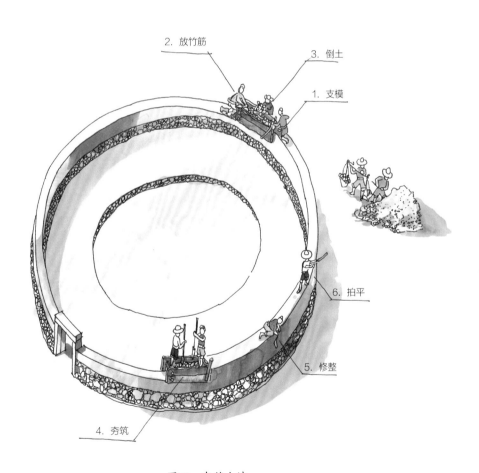

图20　夯筑土墙

⑤立柱竖木

立柱竖木也叫"献架"，是确定土楼整体木结构的步骤。每完成一层楼高的土墙，就要在墙顶上挖出凹槽搁置楼层木龙骨，然后竖木柱架木梁，这就是"献架"。

土墙的夯土墙是承重墙，所以楼层木楼板的外围支撑在土墙上，内部则靠木柱承重。通常的做法是内圈木柱之间架横梁，每一开间的横梁上要安装龙骨，龙骨的另一端直接支在外围的土墙上，从而形成穿斗式木结构（图21）。此后，龙骨上再铺设木楼板，并用竹钉固定。单元式的土楼，各单元之间的隔墙是夯土墙，龙骨两端都支在隔墙上，龙骨上再铺设木楼板。

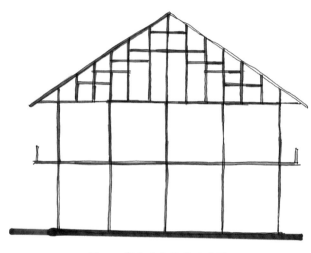

图21　穿斗式木结构示意图

⑥铺瓦封顶

大型的土楼通常一年只能建一层楼，三四层楼的土楼通常要建三四年。夯好顶层墙体后开始盖瓦顶，这道工序也叫"出水"。盖瓦的方法是：瓦沟处的瓦弓形面向下，盖在角子板（屋顶上横向的椽木上面铺的宽10厘米厚3厘米的杉木板）上的瓦弓形面向上，角子板的瓦压住瓦沟上的瓦（图22）。

屋檐处一般以叠垒若干块瓦（一般为5块）的方式，增加瓦口的厚度，可避免瓦口被风吹落或被外力击破，造成瓦口缺漏。在铺瓦前抹一层石灰泥，起固定作用，这道工序叫做"做瓦口"。屋顶完工，土楼的主体结构才算完成。

⑦装饰装修

装饰装修是建造土楼的最后一步，等土楼干透之后，才能进行装修。装修一座大型的土楼大概要花费四五年的时间。

内部装修要铺楼板、装门窗隔扇、安装走廊栏杆、架楼梯，还要进行祖堂内部的装饰等；外部装修要开窗洞、安木窗、粉刷窗边框和大门、装饰入口处、制楼匾、题刻门联、修台基石阶等（图23）。

完成装饰装修后，就可以选良辰吉日砌好灶炉，择吉时入住土楼了。

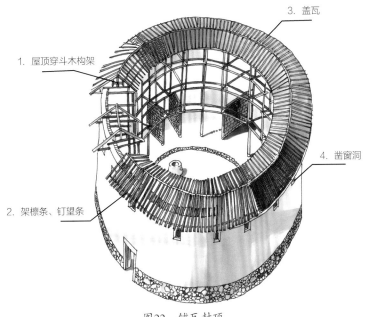

1. 屋顶穿斗木构架
2. 架檩条、钉望条
3. 盖瓦
4. 凿窗洞

图22 铺瓦封顶

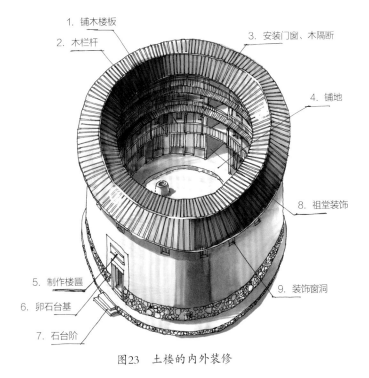

1. 铺木楼板
2. 木栏杆
3. 安装门窗、木隔断
4. 铺地
5. 制作楼匾
6. 卵石台基
7. 石台阶
8. 祖堂装饰
9. 装饰窗洞

图23 土楼的内外装修

3．土楼的环境空间

土楼大多建在溪边及坡地上，不占用平坦的耕地，形成"八山一水一分田"的聚落土楼群，与自然环境融合协调。

（1）相邻

"相邻"形式在福建土楼群落中最为常见，由于土楼建筑体量庞大，当两座土楼之间形成相邻的空间关系时，极具特色，常见有狭窄与狭长两种相邻空间（图24）。这样的相邻空间不仅延长了景观的深度，而且容易形成框景的效果。因此，在土楼街巷空间的保护中要注重保护这类景观视廊。此外，由于土楼建筑楼间距较小，相邻空间较长时间处于阴凉的状态，不仅有利于人们夏季纳凉，也能给穿行在土楼村落中的人们带来光线明暗变幻的视觉享受。

图24　土楼相邻示意图

（2）高差

福建地处山区，山地的高差变化较大，土楼村落是适应山区自然环境建造而成的，土楼建筑大多依山就势、层层叠叠、错落有致地分布在山地间。为了适应地形高差的变化，土楼建筑散布在一个个地势相对平坦的台地上，形成了变幻的台地景观

（图25）。穿行在土楼的巷道空间，可以近观身旁的土楼建筑，也可以俯视下一层的村落景观，感受视线随着地形高低起伏回转变化的乐趣。

图25　土楼高差示意图

（3）临水

　　水是生命之源，是人类择居选址考虑的重要因素之一，福建土楼村落大多分布在山林远涧之间，蜿蜒溪水穿村而过，土楼村落常常依水筑屋，临水的卵石步道、石板小路讲述着土楼村落的悠悠历史。土楼或直接临水而建，或屹立在水边台地上，或临空架于水边，形成多样的临水道路空间（图26）。

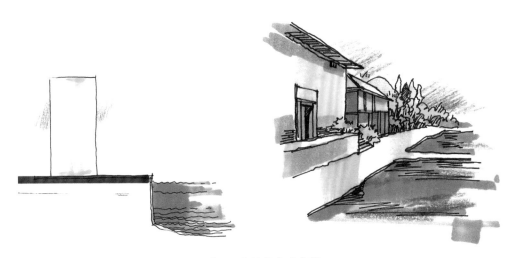

图26　土楼临水示意图

（4）道路

　　土楼村落是典型的山地聚落，那掩映在绿草树林中的石阶小路是山地景观的特色。土楼村落常见的道路景观形式有以下两种类型：一是植物环抱类型；二是单面植物类型（图27）。

图27　土楼间的道路

4.土楼建筑细部及小品

土楼建筑是一种可以对抗外来干扰的建筑结构，必须保证安全。土楼中的每一处设计都有其功能，具有各种功能的各个部件构成了土楼整体。

（1）土楼的建筑装饰

土楼虽然看似古拙朴实，其实有很多十分精美的巧思深藏于建筑的各个部分，对朴素的土楼起到装饰作用。

①门

土楼的大门多用青砖或者花岗岩石块砌成拱形，在门楣上方嵌石条，石上刻出土楼的楼名，门的左右两边还刻有本楼的楹联。有的大门用大片白灰粉刷四周的土墙，有的大门的两侧还各有一只石鼓（图28、图29）。

图28　各种形式的土楼大门（一）

图29　各种形式的土楼大门（二）

土楼内部房屋的门都是用杉木制成的。每层卧室的木门窗，通常采用"鲨叶窗"，两片直棂窗扇叠合推拉，可以控制开门的大小。门扇上装有门环，多用生铁或黄铜铸成，有圆形、八卦形等，还有的在门环上雕刻"福"字或者"喜"字。

②直棂窗

土楼正常一二两层对外不开窗（也有改造后的土楼，为了采光、通风，在二层部分地方开窗），三层以上和一楼对内的窗户一般为直棂窗，这种直棂窗也是中国古建筑里常见的窗形（图30）。

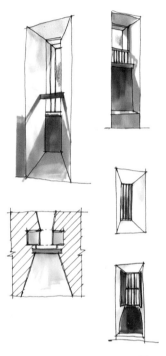

图30 土楼的开窗形式

③夯土墙

土楼建筑的主体以夯土筑成，外墙保留原有的土色，讲究一些的土楼把大门处粉刷成白色，有的还会绘吉祥纹样作装饰，以求美观。之后的土楼也出现了石墙和砖墙。

土楼的墙身高大坚实，墙脚由河卵石干砌而成，表面泥灰勾缝，墙角上面是夯土墙（图31）。土墙每层之间都会留有横缝，水平各筛之间也会有错开的竖缝。墙上的窗洞处还会预埋长长的杉木过梁。

图31 夯土墙

④廊

　　廊是住宅内的公共建筑部分，将楼内各部分连接起来。较常见的内通廊式土楼的廊二层及以上每层的单元门口的回廊是相通的，可以围着回廊走一圈。承启楼门廊就是回廊、廊柱、廊边的廊板，以及地板，与门窗一样，都是使用厚3厘米左右的杉木原木板，刨光加工后只上清油，保留木材天然的纹理（图32）。

图32　土楼中的各种廊

⑤地面

承启楼的地面由两种材质铺成，一种是传统的卵石，从大门内一直铺到三环后的祖堂前。楼内，环与环之间的天井也是用卵石铺设地面，用青石板铺设的廊道和小路连接各环（图33）。楼前的门坪用大块的青石砌成。卵石和青石颜色天然质朴、美观大方。

细心的土楼人还挑选大小一致、颜色相近的卵石，在天井中铺出八卦图案，这一图案是土楼人对生活美满的祈福。

图33　卵石和青石板铺地

⑥屋顶

土楼的屋顶（图34）给人以庄重完美的印象，尤其是五凤楼和方楼的九脊顶独具特色，整个屋面坡度平缓，檐口平直，正脊微微升起，屋顶的出檐极大。巨大的出檐与高大的土楼形成良好的比例关系。檐口两端微微上翘，由于视觉误差，看起来反而更加挺直。而圆楼的屋顶比例优美和谐，也极具艺术魅力。

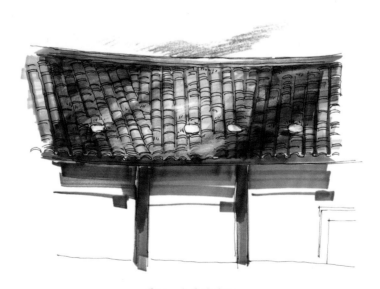

图34　土楼的屋顶

（2）与土楼相关的小品

除了最具代表性的"土楼"主体建筑之外，还有众多建筑构件、设施小品、日常用具，是土楼居住群落不可或缺的元素，令人惊叹的是它们数量极多，保存极好。

工具是改变人类生活方式的助推器，土楼人就地取材，制造出各式各样的日常劳动和生活用具。

①建筑构件

土楼建筑主要构件取自自然原料，展现与众不同的质朴本色，并不做过多的雕琢，却透露出历史与时光的厚重感。在传统建筑文化中，石狮有辟邪、镇宅的作用，同时也是主人身份高贵的象征。绳庆楼门前雕刻的石狮，与常见的北方石狮、南方石狮不同，造型粗犷，十分奇特（图35）。土楼门窗、柱子等常常施以木雕工艺加以装饰，镂空和圆雕手法相结合，体现出高超的木雕工艺水平。土楼人十分重视细节的装饰，常使用人物、动物等题材装饰建筑，表达对生活的美好祝愿。俗话说的"厝角头有戏出"指的就是屋脊上的装饰（图36～图40）。

图35　绳庆楼门前的石狮

图36　门档

图37　雕有似卷云纹又似龙凤纹的图案的大夫第祖堂上的木雕窗

图38　木雕装饰

图39　木悬鱼

图40　屋脊上的装饰

②设施小品

土楼人家积极勤奋，土楼中的设施小品以实用为主（图41～图43）。既能满足土楼人的生活需求，又能增添艺术氛围。如今遗留下来的生活器物，是几代人共同努力生活的见证者，记录着一段段鲜活的历史故事，是一种念想，也是一种回忆。

图41　土楼中的各种设施小品

图42 土楼中的井台空间

图43 井是生活取水口，是一代代人赖以生存的生活必需品

③日常用具

农具。土楼人常用的耕作工具有锄头、犁、耧，灌溉工具有水车、水桶等，收获工具有禾镰、风车（风柜）、簸箕、石滚、荡耙等，运输工具有平板排车、手推独轮车等。各种农具可谓是样样齐全，至今仍被广泛使用。

竹器。土楼地处丘陵地区，盛产毛竹，土楼人就地取材，制作成各种农具、生活用具，如席子、鱼篓、簸箕、箩、茶筒饭筒、筷子等（图44）。除了小物件，毛竹还可做成大件的桌、椅、板凳。土楼人将竹子的用途发挥得淋漓尽致。

图44 土楼人巧手编制的篮子，伴随生活左右。在写生的场景中有了它，会使画更具有生活气息

陶器。土楼人手工制作的陶器也独具特色。在土楼人聚集的山区，有取之不尽的红土，土楼人以红土为原料，烧制出日常生活所用的陶脚盆、陶浴盆、陶筷筒、陶擂钵等（图45）。

图45　土楼人手工制作的陶器

第2章

形意相贯　随形赋彩——福建土楼手绘表现

"形意相贯"指的是在手绘表现过程中，将景物的外在形象和内在意蕴通过画笔表达出来，同时展现形态美与意境美。"随形赋彩"是指在线稿描绘的基础上，用色彩表达景物的光影，塑造整体画面的意境。在福建土楼系列创作中，我用快速手绘的表现形式，展现"形""色""意"，营造出"一气呵成，形神俱妙""淡彩写意，清新悠远""墨彩写实，楼野相融""缀彩塑形，简拙古朴"等不同的画面氛围，展示福建土楼独有的特征。

　　手绘表现是手绘者对景物外在视觉形象的敏锐捕捉，展现出手绘者的审美特征、情感阅历，以及对人生及世间万物的看法。手绘者不仅需要具备对形态美的敏锐洞察力，还需要领悟和理解景物内在的意蕴和文化。此外，还应具备把控线条、色彩、画面关系的能力。在福建土楼系列作品中，为了更好地传达土楼的"形"与"意"，我查阅大量文献资料，并进行实地的访谈，详细了解福建土楼的历史源流、地理环境和建筑特色。

　　作品《如升楼》描绘的如升楼位于福建省永定区湖坑镇洪坑村，为世界遗产永定洪坑土楼群中的标志性建筑之一。该土楼始建于清代光绪年间，是迄今为止我所见到的最小的圆土楼。该土楼地处高山河谷坡地，背山面水，负阴抱阳，山上林木苍翠，环境优美，四周多为二层一字型民居。在周边环境的衬托下，如升楼盎然挺立，如少女般清新脱俗。

　　《如升楼》的构图采用了中国传统山水长卷的形式，前景为树林，中景为如升楼及四周民居，远景为远处的房舍。实际上，我特意将中景如升楼比例拉大，以突出如升楼在画面中的主体地位。在表现形式上，采用了线条白描的形式，表达一种卓然挺立山野的气质。在线条的表现上，描绘的前景树林线条活泼概括，以衬托主体建筑的刚劲挺拔之感。如升楼作为画面的重点，墙体轮廓用笔有力，并利用较为随意的颤抖、

《如升楼》

停顿的笔触表现土楼墙体斑驳的肌理。大门是建筑的"脸面"，用刚劲有力的线条刻画门框、门联。在刻画建筑屋顶时，着重刻画瓦片的质感、量感，及其梁架结构，展现土楼建筑的结构美。另外，主要用线来表现如升楼周边建筑的屋顶瓦片，达到以线带面的效果。

作品《初溪土楼群》选取的建筑是福建省永定县下洋镇初溪村的初溪土楼群，该村地处闽西高山山坡，村内有青山绿水环绕，翠竹苍松林立。数十座圆形、方形土楼横亘山腰，楼后梯田层层叠叠，错落有致，山上常年云雾缭绕，给人以人间仙境的感觉。

作品采用钢笔淡彩的形式，同时借鉴了传统水彩画的表现技法，营造出高山聚落清新淡雅、脱尘空灵的意境。

在《初溪土楼群》中，我尽可能详尽地表现出土楼的结构和形态，建筑整体的透视感，以及物与物之间的虚实关系，并重点刻画了建筑的屋面。此外，还通过表现植物的形体轮廓，强化画面不同部分之间的疏密关系，并用淡彩画法对植物及地形的变化进行特殊处理，让画面凸显出朴素、淡雅的意境效果。

作品《田螺坑土楼群》选取的建筑群位于福建省漳州南靖田螺坑村，由一座方形、三座圆形、一座椭圆形，共五座土楼组成，有"四菜一汤"之称。该土楼群选址在山腰地带，周边群山环抱、山峦连绵，五座土楼依山势错落分布，如居高俯瞰，就像一朵盛开的梅花点缀在大地上。作品采用线描加马克笔上色的形式，还借鉴了油画中的光影表现技法，表达春天清晨阳光散落在土楼、山岭上，万物在阳光下获得新生的意境。

作品《怀远楼》中的怀远楼位于福建省漳州南靖梅林镇坎下村，建于1905年至1909年间，是迄今发现的工艺最精美、保护最好最完整的土楼建筑，是传统民宅建筑的佳作。

作品以细腻流畅的钢笔线条，着重刻画建筑的屋面结构和瓦片间的疏密关系。画面中，建筑墙裙的石头与路面的小卵石形成呼应。在周边植物的衬托下，一座座土楼展现出特有的唯美、婉约气质，以及壮美、古朴的美感。在色彩上，用红色描绘对联、灯笼、植物等物象，与黑色的屋顶和土黄色墙面形成对比，渲染出画面古朴的意境。

第3章

画说土楼 民居之最 —— 福建土楼手绘表现技法与步骤

通过手绘图解土楼建筑，为土楼古村落的保护和传统文化的传承贡献自己的一份力量，让更多的传统村落建筑绽放异彩，为乡村振兴添砖加瓦，是我创作的初衷。每一次实地调研，都会感叹土楼的魅力，总想多画几张或多拍几张。这节将讲解手绘土楼的技法和步骤，帮助读者掌握技巧，亲手画出一幅幅精美的画卷。

画说土楼的初衷在于用画笔记录古村落风貌，通过手绘作品的视觉感染力引起大家对古村落保护的关注。

1. 溪边土楼

溪边土楼的规模巨大、造型奇特、古色古香，充满浓郁的乡土气息。无论从哪个角度欣赏都很美丽。

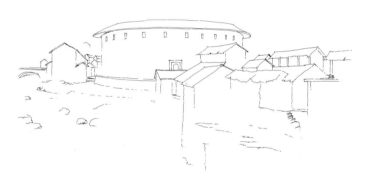

❶ 注意建筑的主次与前后关系，重点表现其中一座圆形土楼，而配景则可绘制其他造型的土楼，构成鲜明的对比。

❷ 细致刻画局部，近景的石头、植物及地面的鹅卵石，以及建筑的屋顶瓦片和远处的山体与植物。

❸ 增加植物,完善画面,并对主体建筑的屋顶、窗和门进行刻画,强调物体的特征关系,加强疏密变化。

❹ 整体调整画面的效果,强化明暗对比,进行细节的完善。

⑤ 把握画面的主要色调，进行大面积上色，用笔大胆轻松，不要拖泥带水，但要注意笔法的快慢变化。

⑥ 选择深色的马克笔对物体的暗部进行塑造，注意颜色的叠加和冷暖的对比。

❼ 对画面主次进行刻画，强化画面的空间关系。

❽ 天空上色使用蓝色彩铅，而水面使用湖蓝色的马克笔表现水面的通透性。

❾ 调整细部，增强画面空间关系与虚实关系，使画面构成和谐的美感。

2. 俯望土楼群

土楼群藏在田野间山区之中，登上山顶俯望，呈现在眼前的是一幅尽显乡野之美的天然画卷。

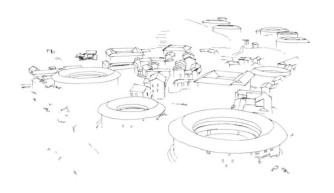

❶ 先以定点的形式确定画面的构图，物体的大体位置，明确建筑轮廓线和建筑特点，下笔要果断明了，结构线要清晰。

❷ 重点刻画土楼建筑的山体和植物等配景，完善画面大效果。

❸ 区分近景、中景、远景三者之间的前后关系。

❹ 刻画土楼建筑的屋顶及画面的明暗关系，明确受光面和背光面。

❺ 刻画建筑和配景的细部，形成画面的完整性。对画面植物进行整体铺色，抓住整体色调。

❻ 建筑以土黄色为主，注意画面效果，并对植物进行塑造。

❼ 上色要注意画面冷暖关系的对比，着重表现建筑的硬朗感，以及光线的过渡，投影用笔要快速而准确。

❽ 调整画面整体关系，体现土楼的厚重感，构成完美的景色。

3. 在土楼发现乡村的诗情画意

土楼依山就势，布局奇巧，形成优雅飘逸、精巧别样的美感，能让人感受到乡村的诗情画意。

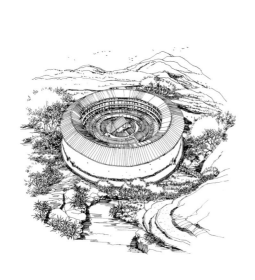

❶ 线稿层次分明，配景丰富，要学会构思和优化画面，构成完整的画幅空间关系。

❷ 对植物进行着色，笔触要有轻重缓急的变化。

❸ 深入刻画土楼建筑的配景，注意颜色不宜过多。

❹ 刻画细部，强化局部冷暖色之间的对比。

⑤ 对建筑进行整体铺色，把握颜色细部变化。

⑥ 刻画建筑的暗部，突出主体景物，形成理想的视觉效果

⑦ 加强配景的明暗关系，强化空间关系。

⑧ 加深墙体暗部的颜色，刻画明暗交界线，使建筑物更为立体。

❾ 仔细表现建筑的屋顶，用冷色系加深暗部颜色。

❿ 给亮部上色，用笔速度要快。

⓫ 对建筑内部结构进行刻画表现，注意刻画出屋檐在墙壁上的投影，突出光线效果。

⓬ 对屋顶的细部进行刻画，加强轮廓线来体现建筑的硬朗，同时留出高光部分。

⓭ 区分明暗关系，使暗部与亮部形成强烈的
对比关系。

⓮ 用高光笔完善建筑的结构线，提高高光部
分，增加画面对比性。

⓯ 用紫色彩铅加深暗部，与建筑本身的黄色
构成对比关系。

⓰ 完善画面的细部，表达墙体建筑、植物、
山体，水体及天空之间的层次感，使画
面达到整体宁静、和谐之美感。

完成图

第 4 章

神秘古堡 建筑神话——福建土楼之经典案例

福建土楼以其独特的艺术魅力倾倒无数中外学者，吸引络绎不绝的游客前来探寻。土楼的造型奇特令人惊叹，具有神话般引人入胜的魅力，除了常见的圆形与方形之外，还有椭圆形、五凤形、斗月形、扇形、交椅形、曲尺形、八卦形、围裙形、塔形、合字形、凸字形、前方后圆形、套筒形、雨伞形、方圆结合形、马蹄形等。在众多的土楼中有一些因为独特的个性而最负盛名。

1．最著名的土楼

福建土楼中最有名气的要数永定县高头乡高北村的承启楼，它是土楼中最具典型性的案例，被称为土楼之王，它体积庞大，有广场式的大草坪，视野开阔。2000年承启楼被列为全国重点文物保护单位，2008年被列入"世界文化遗产名录"。

承启楼是典型的内通廊式圆楼，占地面积5376.17平方米，坐北朝南，直径74米，走廊周长229.3米，约有364个房间，全楼为三圈一中心。全楼"高四层，楼四圈，上上下下四百间；圆中圆，圈套圈，历经沧桑三百年"，这是对承启楼的生动写照，形象说明承启楼恢宏气势和悠久历史，不得不敬佩祖辈的智慧。

2．最早列为"国保"的土楼

福建土楼中最早被国务院核定公布为"全国重点文物保护单位"的土楼是华安县仙都镇大地村的二宜楼，是福建土楼的杰作，享有"神州第一圆楼""民居瑰宝"等盛誉。它是在1996年11月被列入"国保"，在福建土楼中占有特殊的地位。如今它已成为世界文化遗产当之无愧的一员。

二宜楼建于清乾隆五年（公元1740年），清乾隆三十五年（公元1770年）落成。整座土楼依山傍水而建，为双圆形土楼，坐东南朝西北，占地面积9300平方米，楼高四层，内环单层，居住冬暖夏凉，建造者希望家庭和睦，故取名"二宜楼"。二宜楼具有极高的文化价值，楼内共存有壁画226幅，共计593平方米，彩绘228幅，共计99平方米，木雕349件，楹联163幅，内容包括花鸟、山水、人物等众多题材，堪称民间艺术珍品宝库，是福建土楼中独有的，在中国古民居中亦属罕见。在三、六、十单元的墙上、天花板上还张贴许多1931年的美国《纽约时报》和1932年的美国《纽约晚报》，墙面上还绘有西洋钟、西洋美女，并标注译文的壁画，为中西文化交流的见证。

二宜楼的建筑布局独具特色，规模宏大，布局设计科学合理，现在仍保存完好，且居住环境舒适宜人，防卫系统构思独到，是福建土楼中不可多得的珍品。

3．最大的土楼

顺裕楼位于南靖县书洋镇石桥村，坐北朝南，依山面水而建，气势恢宏，有"王中之王"的盛誉。占地4000多平方米，外径73.9米，为内通廊双环土楼，其外围的夯土墙高达15米，底层的土墙厚度有1.6米，据说这样厚度的土墙，能抵御当年"洋炮"的轰打。

顺裕楼楼内共有369个房间，一天住一间房，一整年下来也住不完所有的房间，可想象它有多大。

4．直径最小的圆楼

漳州南靖翠林里有世界最小的土楼，是土楼王国里的小矮人，也是土楼神话里的拇指姑娘。

因坐落在福建省南靖树海的翠谷绿林下，故得名翠林楼。该楼是内通廊式圆楼，建于明代嘉靖年间，楼高三层8米，楼内直径仅有9米，比永定湖坑的如升楼小了8米。

5．建造年代最早的土楼

在华安的岱山村屹立着一座威武雄壮的土楼，那就是"土楼之母"——齐云楼。齐云楼坐南朝北，占地面积约3700平方米，始建于明万历十八年（公元1590年），是迄今所知有准确纪年的建造最早的圆楼，可以说是福建圆土楼之母。

它雄踞小山之上，楼高两层，底层外墙石砌，二层夯土，是一座双环式椭圆形的土楼，是我国古建筑文化和民俗研究的重要实物资料。

6．最高的土楼

福建土楼常见三四层，最高的五六层。最高的圆楼当数南靖县书洋镇下坂寮村的裕昌楼，建于元朝中期（公元1308～1338年间），坐西朝东，其外环五层高18.2米，占地2289平方米，是世界上尚存最古老的高层公寓建筑之一。

裕昌楼的大名时常不被人记得，而"东歪西斜楼"一直深入心。因为楼内走廊的木柱已经东倒西歪，有的甚至倾斜15度，看起来极其危险，但并不倒塌，因此被人戏称为"东倒西歪楼"。由于环周相互牵连顶靠，看起来危险，实则依然牢固，至今仍然有人居住。

此外，最高的方楼是南靖县梅林镇璞山村的和贵楼，高五层，夯土墙高17.57米（从室内地坪至山墙顶）。最高的五凤楼当推永定县抚市镇新民村的永隆昌楼中的福盛楼。

7. 最壮观的土楼

遗经楼位于永定县高陂镇上洋村，建于清嘉庆十一年（1806年），占地10336平方米，总体布局是当地所称的"楼包厝，厝包楼"的形式，外墙东西宽136米，南北长76米，是目前所知方形土楼中最为庞大的。遗经楼空间布局巧，艺术格调高，建筑气势壮，可以说是最壮观的土楼。

8. 最别致的土楼

位于福建永定县高头乡高东村的顺源楼是呈不规则五边形的内通廊式土楼，高三层，沿溪一边为弧形，顺溪建造，被称为"最别致的土楼"。

它结合溪边的坡地，前半部建三层，后半部建两层。在保持祖堂居中对称的同时，其他用房自由布局。内院呈三角形，利用陡峭的地形分上、下两个庭院，下庭院中设两道门，并以矮墙分隔，在祖堂前形成方正的天井，增加了空间的层次；上庭院居于一角，与二层的敞厅连成一气，由廊边的石阶登临，从一个小门楼进入。整个建筑顺应地势，自由布局，内部空间层次丰富而有变化，是福建土楼中难得的佳作。

第 5 章

艺术土楼 名扬天下——福建土楼手绘作品欣赏

今日的土楼已备受关注，绝不能拆了重建。土楼的修复和保护要有统一的规划和安排。

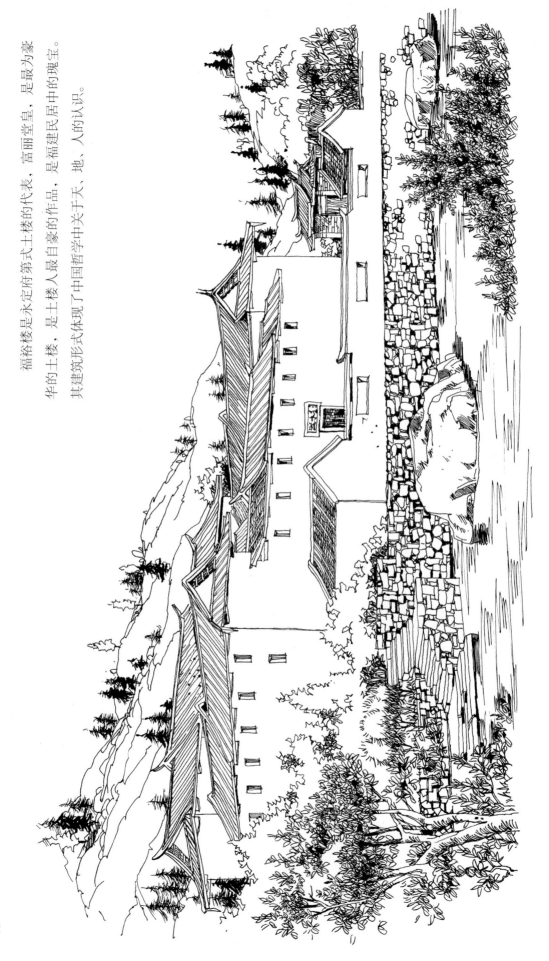

福裕楼是永定府第式土楼的代表，富丽堂皇，是最为豪华的土楼，是土楼人最自豪的作品，是福建民居中的瑰宝。其建筑形式体现了中国哲学中关于天、地、人的认识。

重点表现建筑物体的宏伟气势，为了突出建筑形象，通过配景加强建筑的空间层次感。

土楼村落山清水秀，四季分明，一派山村田野风光。

　　振成楼俗称八卦楼，是因为它是根据八卦的结构建造的；同时，布局设计既有苏州园林的印迹，也有古希腊建筑的特点，是中西合璧的建筑杰作。

建筑主体突出亮部与暗部的亮度对比，亮部基本留白，暗部颜色较深，能表现出较强烈的光线下的场景。

辉斗楼是泉州现存的唯一的圆形土楼，建在海拔九百多米的"和尚顶"山腰部，左右峻山夹峙，楼前山谷视野开阔，远处群山连绵，具有较高的文物价值。

这些土楼原本藏于深山里，如今伴随着美丽乡村的建设，成为集文化、生态、旅游价值为一体的观光景点，引起人们的广泛关注。

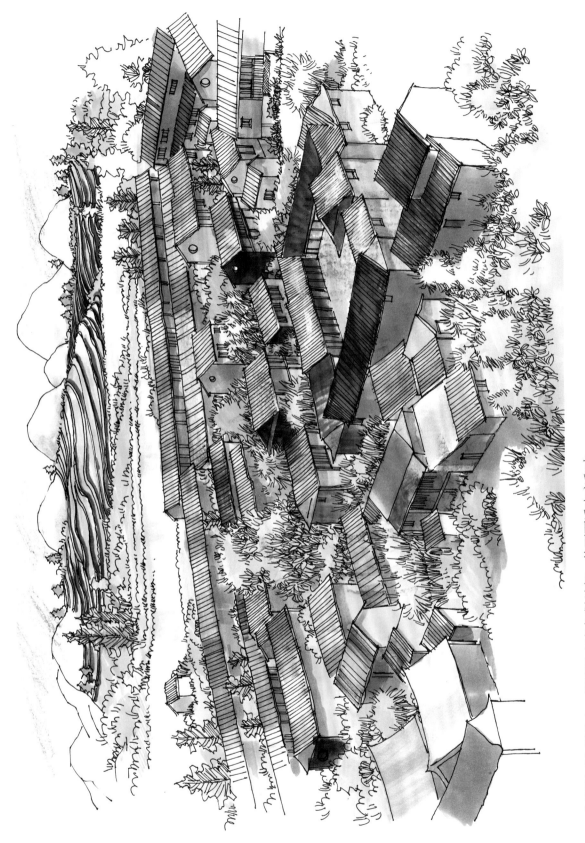

色调以暖色色系为主，搭配冷灰色色相得益彰，使画面透出亲和力。

  土楼是建筑中一朵瑰丽的奇葩，然而建筑的美轮美奂只是它的外表，楼内流传百年的家训家风，才是真正使土楼历经风雨洗礼却更加灿烂辉煌的原因。在大城市中一点一点被洗刷掉的中华传统美德与文化，在这里被世世代代保护、传承了下来。

漳州最典型、最壮观的雨伞楼位于华安县高车乡碟头村洋竹径社，虽然它没有匾额，没有正式的楼名，却是全国重点文物保护单位，其特色在于造型呈雨伞状。圆土楼如有内外两三圈，一般都是外圈高，内圈低，呈碗状；但有的双圈或三圈的圆土楼，却是内圈高于外圈，引发专家和游客的兴趣。

长源楼远眺

土楼蕴含着深厚的历史文化信息，只有这些文化基因重新注入乡村的母体，乡村复兴才有希望，乡村"复活"才有依据。

线稿建筑风格定位清晰，上色注重建筑的冷暖之间对比变化，形成整体的通透性。

人才辈出的衍香楼

溪边的小五凤楼

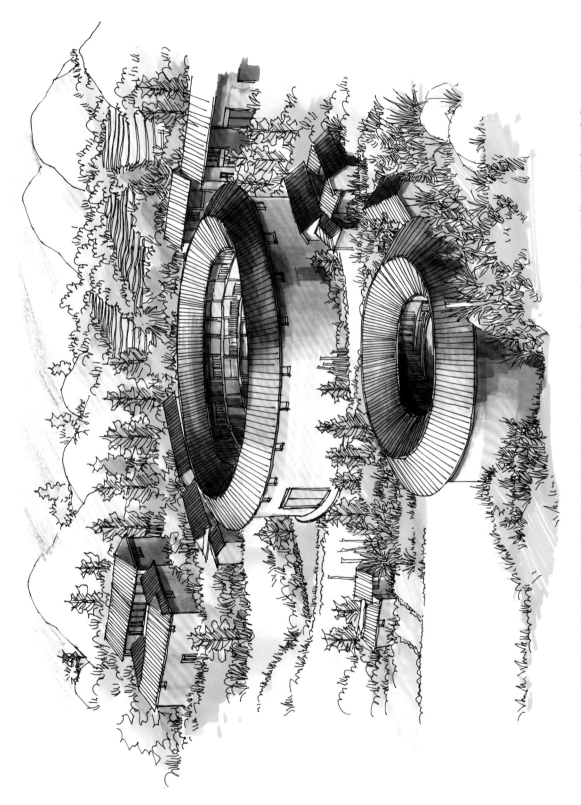

光影和色彩的基本格调构成了画面的视觉效果，光影越强烈，越能突出空间感。适当的留白，能使画面具有通透感。

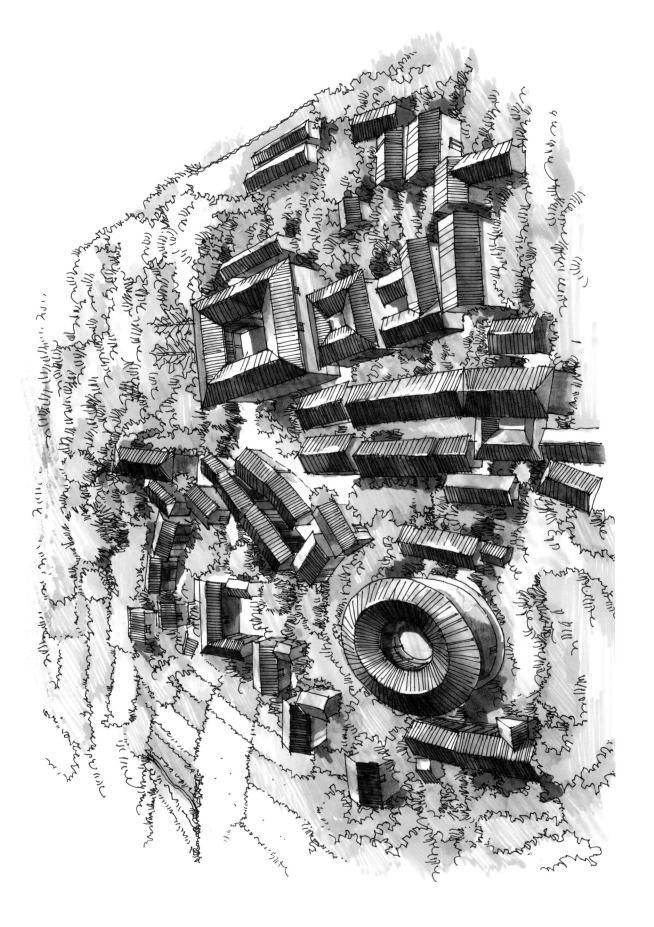

下坂寮村

土楼是人居与自然和谐共处的体现，是因地制宜的产物，也是土楼人在人类建筑工艺上创新。

106